Agrivoltaica

Una integración sostenible

de energía solar y agricultura

Giuseppe Saturno

A todos los que creen en la innovación y la sostenibilidad.

Esta dedicatoria es para vosotros, pioneros del cambio y custodios de la Tierra. En el mundo en que vivimos, donde la energía limpia y la agricultura sostenible se han convertido en imperativos, sois vosotros los que estáis abriendo nuevos caminos.

Índice de Temas

Giuseppe Saturno es un apasionado experto en permacultura y energías renovables, con una ferviente dedicación a un mundo justo y mejor.

Con más de 15 años de experiencia en el campo de la permacultura, ha desarrollado profundas habilidades y conocimientos en la promoción de sistemas agrícolas sostenibles y prácticas de diseño ecológico. Desde muy joven mostró un gran interés por el medio ambiente y la sostenibilidad.

Tras completar sus estudios en Permacultura, dedicó su vida a difundir los beneficios de un enfoque integrado del diseño medioambiental y la agricultura. Su formación le ha proporcionado una sólida base teórica y práctica para crear soluciones sostenibles que mejoren la vida de las personas y conserven los recursos naturales.

Además de su especialización en permacultura, se ha convertido en un experto en el campo de las energías renovables. Su pasión por proteger el medio ambiente le impulsó a explorar y adoptar soluciones energéticas sostenibles. Gracias a su experiencia, ha adquirido profundos conocimientos en el diseño, instalación y gestión de sistemas solares fotovoltaicos, sistemas de energía eólica y otras tecnologías de energía limpia.

Lo que le distingue es su visión, quizá utópica, de un mundo justo. Es un soñador entusiasta que cree firmemente que cada individuo puede marcar la diferencia en la construcción de una sociedad más sostenible. Su dedicación y pasión le han impulsado a compartir sus conocimientos e inspirar a otros a emprender acciones concretas para preservar el medio ambiente y crear un futuro mejor para todos. Además de su trabajo práctico, Giuseppe es también un popular conferenciante. De hecho, ha celebrado varias conferencias y talleres sobre temas relacionados con la permacultura, las energías renovables y la sostenibilidad en general, difundiendo su visión y animando a la gente a emprender todas las acciones posibles para proteger el medio ambiente.

Introducción a la agrovoltaica

Definición de agrovoltaica

La agrovoltaica es un concepto que combina la agricultura con la energía fotovoltaica en una única infraestructura integrada. Consiste en utilizar el mismo terreno agrícola para cultivar plantas o árboles e instalar simultáneamente paneles solares fotovoltaicos para generar electricidad.

En esencia, la agrovoltaica representa la integración sinérgica de la agricultura y la energía solar en un mismo emplazamiento, donde los paneles solares se instalan sobre los campos cultivados o en estructuras específicas como pérgolas o invernaderos.

Esta combinación ofrece varias ventajas. En primer lugar, el sombreado proporcionado por los paneles solares puede reducir la intensidad de la luz solar y la temperatura ambiente, creando un entorno microclimático favorable para los cultivos, sobre todo en zonas de alta insolación.

El sombreado también puede reducir la evaporación del agua del suelo, ayudando a conservar los recursos hídricos.

La agrovoltaica también permite el doble uso de la tierra, optimizando el uso del espacio agrícola sin comprometer la producción de alimentos ni la eficiencia energética. La producción combinada de alimentos y energía puede diversificar la renta de los agricultores y proporcionarles así ingresos adicionales.

En general, la agrovoltaica pretende lograr un equilibrio entre la agricultura sostenible y la producción de energía renovable, fomentando la resistencia ecológica y la eficiencia de los recursos.

Importancia de la energía solar y la agricultura sostenible

Tanto la energía solar como la agricultura sostenible tienen una importancia fundamental para el futuro de nuestro planeta. Veamos por qué:

1. La energía solar:

- **Renovabilidad**: La energía solar es una fuente de energía prácticamente inagotable, a diferencia de las fuentes de energía fósiles. Aprovechar la energía solar nos permite reducir la dependencia de fuentes no renovables y mitigar los efectos negativos de los combustibles fósiles sobre el medio ambiente, como la contaminación atmosférica y la emisión de gases de efecto invernadero responsables del cambio climático.

- **Accesibilidad global**: el sol es un recurso disponible en todo el mundo, aunque en cantidades diferentes según la región. Aprovechar esta energía nos permite generar electricidad de forma descentralizada, llevando energía limpia incluso a comunidades rurales o remotas que pueden tener dificultades para acceder a la red eléctrica tradicional.

- Reducción de las emisiones de carbono: la producción de energía solar, a diferencia de las centrales eléctricas de carbón o gas, no emite CO_2 ni otros gases de efecto invernadero durante su funcionamiento. Una afirmación a estas alturas banal, sí, pero que sirve para aclarar de una vez por todas los conceptos que trataremos más adelante.

2. Agricultura sostenible:

- Seguridad alimentaria: La agricultura verdaderamente sostenible adopta prácticas que mantienen la fertilidad del suelo, conservan el agua y reducen el uso de pesticidas y fertilizantes sintéticos. Esto ayuda a preservar la productividad de las tierras agrícolas a largo plazo, garantizando la seguridad alimentaria para las generaciones futuras. Y no sólo para las futuras...

- Conservación de los recursos: Este tipo de agricultura pretende hacer un uso eficiente de los recursos naturales, como el agua o la mano de obra humana, reduciendo los residuos y minimizando el impacto medioambiental. Esto incluye la adopción de prácticas de riego eficientes, la gestión de las aguas residuales y el uso de fuentes de energía renovables para las operaciones agrícolas necesarias.

- Biodiversidad y ecosistemas sanos: La agricultura sostenible fomenta de forma natural la biodiversidad, mediante la diversificación de los cultivos, la conservación de los hábitats naturales y la reducción del uso de productos químicos nocivos. Esto ayuda a preservar los ecosistemas, mantener el equilibrio ecológico y proteger la salud de las plantas, los animales y los seres humanos.

- Resistencia al clima: La agricultura gestionada de forma sostenible sólo adopta prácticas que mejoran la resistencia de los cultivos y los ecosistemas agrícolas al cambio climático. Esto incluye la selección de variedades resistentes, el uso de técnicas de conservación del suelo y la gestión sostenible de los recursos hídricos. De este modo, contribuye no sólo a mitigar los efectos negativos del cambio climático sobre la propia agricultura, sino también sobre la sociedad en su conjunto.

En resumen, ya podemos afirmar que la energía solar y la agricultura son los dos pilares clave para el futuro. Integrar la producción de energía en la agricultura puede conducir a una producción de alimentos más eficiente y ecológicamente sostenible, mejorando la resistencia de las comunidades agrícolas al cambio climático.

Beneficios y retos de la agrovoltaica

La agrovoltaica ofrece una serie de ventajas significativas, pero también retos que aún deben abordarse. Explorémoslos más a fondo:

Ventajas:

Uso eficiente de la tierra: La agrovoltaica permite utilizar la misma tierra para la producción de energía solar y la agricultura y/o la ganadería. Esta doble utilización de la tierra maximiza la eficiencia y el rendimiento de la superficie agrícola, evitando la necesidad de dedicar terrenos separados a la agricultura y a la energía solar.

Microclima favorable a los cultivos: La instalación de paneles solares proporciona sombra a los cultivos situados debajo, reduciendo la intensidad de la luz solar y la temperatura ambiente. Esto crea un microclima más fresco y húmedo, que puede favorecer el crecimiento de las plantas, especialmente en regiones con altas temperaturas o escasez de agua.

Ahorro de agua: Los sistemas fotovoltaicos pueden reducir la evaporación del agua del suelo, ya que la sombra que proporcionan los paneles reduce la exposición directa al sol. Esto ayuda a conservar los recursos hídricos, haciendo que el riego sea más eficiente y reduciendo la cantidad de agua necesaria para cultivar plantas.

Diversificación de las fuentes de ingresos: la agrovoltaica ofrece la posibilidad de generar ingresos adicionales para los agricultores. Además de la producción de alimentos u otros cultivos, la venta de la energía solar producida puede proporcionar una fuente estable de ingresos. Esta diversificación de las fuentes de ingresos puede hacer que las explotaciones sean más resistentes y económicamente sostenibles.

Reducción de las emisiones de carbono: Obviamente, el uso de la energía solar en el contexto agrícola contribuye a la transición hacia una economía baja en carbono.

...y los retos:

Diseño y planificación del sistema: El diseño y la instalación de un sistema agrovoltaico requieren una planificación cuidadosa. Hay que tener en cuenta varios factores, como la orientación de los paneles solares, la altura de las estructuras de soporte y la elección de cultivos compatibles. Una planificación cuidadosa es esencial para maximizar los beneficios tanto de la agricultura como de la energía solar.

Competencia por el uso del suelo: la agrovoltaica requiere claramente un espacio adecuado para la instalación de los paneles. Esto puede dar lugar a una competencia por el uso del suelo entre la agricultura y la producción de energía solar. Hay que encontrar un equilibrio entre ambas actividades y evaluar cuidadosamente el impacto sobre la agricultura y la producción de alimentos.

Gestión y mantenimiento de los cultivos: La gestión de los cultivos en un sistema agrovoltaico sigue siendo un reto. Es importante tener en cuenta el sombreado y el acceso a la luz solar para las plantas que están debajo, así como el espacio para trabajar con ellas. Además, también hay que tener en cuenta el mantenimiento de los paneles solares para garantizar el buen funcionamiento del sistema.

Costes financieros: La instalación de un sistema agrovoltaico puede requerir una importante inversión inicial. Los costes incluyen la compra de los paneles solares, las estructuras de soporte y la instalación del sistema. Sin embargo, los beneficios a largo plazo, como la reducción de los costes energéticos y la diversificación de los ingresos agrícolas, compensan estos costes iniciales. Y también es cierto que se puede empezar con una instalación mínima y escalable e ir aumentándola más adelante.

Integración y regulación: La integración de la agrovoltaica en el contexto de las políticas y regulaciones (al menos en Italia) puede ser peliaguda. Aún hay que desarrollar normativas claras e incentivos adecuados para promover la adopción de la agrovoltaica. Además, puede ser necesaria la colaboración entre las distintas partes interesadas, incluidos los agricultores, las empresas energéticas y los gobiernos, para facilitar la ejecución de proyectos agrovoltaicos a gran escala.

Abordar estos retos requeriría una planificación cuidadosa a nivel gubernamental, la colaboración entre sectores y un compromiso a largo plazo para desarrollar soluciones innovadoras. A pesar de estos retos y de algunos obstáculos que hay que superar, la agrovoltaica ofrece un potencial significativo para unir la agricultura y la producción de energía.

También hay que añadir que **la agrovoltaica es una técnica muy nueva; ¡no hay muchos estudios válidos a nivel mundial, ni siquiera expertos de larga trayectoria!**

Aún nos queda mucho por experimentar, así que cada experiencia adquirida es como un ladrillo más. Con este libro sólo seguimos sentando las bases e intentamos dar a todo el mundo las herramientas para empezar y hacer su propia experiencia.

Principios básicos de la energía solar

Conceptos básicos sobre la energía fotovoltaica

Como todo el mundo sabe, la energía solar es la energía que proviene de la luz solar, y es renovable y gratuita, lo que significa que no se agota ni contribuye al agotamiento de tan preciados recursos naturales. Esta energía puede convertirse en energía utilizable mediante diversas tecnologías, como los paneles fotovoltaicos o los paneles solares térmicos.

Los paneles fotovoltaicos convierten la luz solar en energía eléctrica mediante células fotovoltaicas. Cuando los fotones de luz inciden en las células fotovoltaicas, generan un flujo de electrones que crean una corriente eléctrica. Ésta es la corriente que se utiliza para alimentar todo lo que necesitamos o para almacenarla en baterías.

Los paneles solares térmicos, por su parte, absorben el calor del sol para calentar agua u otros fluidos. Este calor puede utilizarse para fines domésticos, como la calefacción de espacios, la producción de agua caliente sanitaria o la calefacción de invernaderos.

Los sistemas solares pueden instalarse en marquesinas, tejados de edificios, terrenos u otras superficies expuestas al sol. Como ya se ha dicho, según dónde te encuentres, las cosas cambian. Para hacerte una idea de la accesibilidad e intensidad en tu zona, te recomiendo que busques "SISTEMA DE INFORMACIÓN GEOGRÁFICA FOTOVOLTAICA" en Google.

Leer más:

Un panel fotovoltaico, también llamado panel solar, es un dispositivo que utiliza el efecto fotovoltaico para convertir la luz solar en energía eléctrica. Su funcionamiento se basa en principios científicos relacionados con la semiconducción y el efecto fotovoltaico.

En el interior de un panel fotovoltaico hay células fotovoltaicas fabricadas con materiales semiconductores, normalmente silicio. Estos materiales se tratan de tal forma que se crea una capa p-n, es decir, una capa con una zona rica en electrones (n) y una zona con un exceso de huecos (p). Esta configuración crea una unión p-n, que es crucial para el funcionamiento de las células fotovoltaicas.

Cuando los fotones de la luz solar inciden en las células fotovoltaicas, son absorbidos por los materiales semiconductores. La energía de los fotones se transmite a los electrones de la zona rica en electrones (n) y los excita, lo que les permite superar la barrera energética presente en la unión p-n.

Este fenómeno crea una separación de cargas dentro de la célula, y los electrones se desplazan hacia el exterior a lo largo del circuito eléctrico conectado al panel fotovoltaico.

El flujo de electrones crea una corriente eléctrica que se utiliza precisamente para alimentar dispositivos eléctricos o almacenarse en baterías para su uso futuro. El panel fotovoltaico puede producir electricidad siempre que esté expuesto a la luz solar, aunque no sea necesariamente *directa, y su capacidad para generar electrones excitados depende de la intensidad y frecuencia de los fotones incidentes.*

Para garantizar un flujo de corriente constante y una tensión adecuada, los paneles fotovoltaicos suelen conectarse en serie o en paralelo para formar módulos o conjuntos. Estos módulos pueden combinarse en sistemas solares más grandes para satisfacer las necesidades energéticas de un edificio o instalación.

Es importante tener en cuenta que la eficiencia de los paneles fotovoltaicos puede variar en función de la tecnología utilizada, los materiales empleados y las condiciones ambientales.

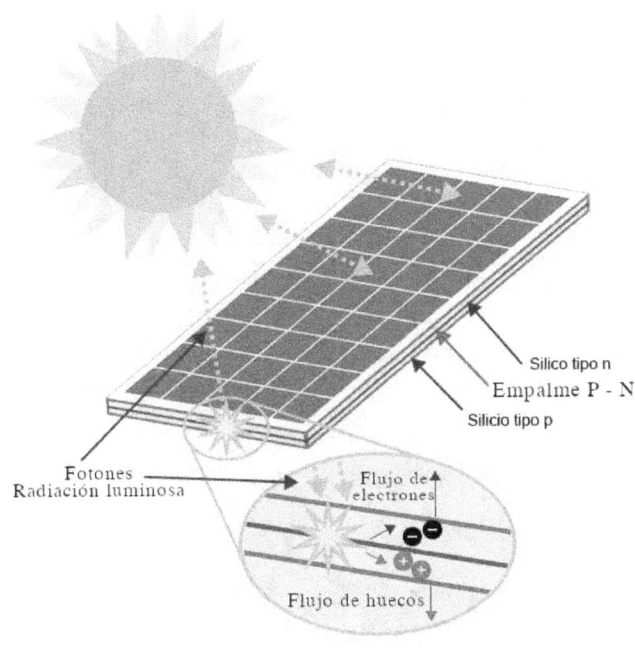

Silico tipo n

Empalme P - N

Silicio tipo p

Fotones
Radiación luminosa

Flujo de electrones

Flujo de huecos

Los continuos avances en investigación e innovación tecnológica pretenden mejorar la eficiencia y el rendimiento de los paneles fotovoltaicos, haciéndolos cada vez más competitivos como fuente de energía sostenible y respetuosa con el medio ambiente.

Las unidades de medida habituales de los paneles solares son el vatio (W) y el kilovatio (kW), que representan la potencia nominal del panel solar. La potencia nominal indica la cantidad de energía que puede generar el panel en determinadas condiciones estándar de irradiación solar.

El almacenamiento de la energía producida por los paneles solares y su transformación en corriente alterna (CA) son dos aspectos importantes del sistema solar completo.

Almacenamiento de energía: Cuando los paneles solares generan electricidad, ésta puede utilizarse inmediatamente o almacenarse para un uso futuro. El almacenamiento de energía es especialmente importante cuando la energía producida supera la demanda inmediata o cuando el sol no está presente, por ejemplo por la noche o en días nublados. A menudo se utilizan baterías para almacenar la energía solar. El exceso de electricidad producido por los paneles solares se almacena en baterías para utilizarlo más tarde cuando sea necesario.

Conversión a corriente alterna (CA): La energía producida por los paneles solares es corriente continua (CC), pero la mayoría de los aparatos y redes eléctricas utilizan corriente alterna (CA). Por tanto, es necesario convertir la energía de CC producida por los paneles solares en energía de CA utilizable. Esta conversión se realiza mediante un **inversor** solar. El inversor convierte la energía de CC en energía de CA, haciéndola compatible con los electrodomésticos y permitiendo que la energía solar se introduzca en la red doméstica o pública.

La eficiencia del almacenamiento de energía y la conversión a CA es un aspecto importante a tener en cuenta al diseñar e instalar un sistema solar. Las tecnologías de almacenamiento de energía, como las baterías, mejoran constantemente en cuanto a capacidad, eficiencia y durabilidad. Del mismo modo, los inversores solares son cada vez más eficientes y avanzados para garantizar una conversión fiable y de alta calidad de la energía solar en CA.

Tecnologías solares utilizadas en la agrovoltaica

Éstas son algunas de las tecnologías utilizadas:

Paneles solares fotovoltaicos: Los paneles solares fotovoltaicos son la tecnología solar más utilizada en la agrovoltaica. Pueden instalarse en soportes elevados o en estructuras como pérgolas, cobertizos o marquesinas dentro de la zona agrícola, permitiendo al mismo tiempo el cultivo de plantas debajo.

Tejados solares agrícolas: Esta tecnología utiliza espacios sobre cobertizos o estructuras agrícolas para la instalación de paneles solares fotovoltaicos. Los tejados solares agrícolas no sólo generan energía solar, sino que también protegen de la intemperie a las estructuras situadas debajo, como almacenes y equipos agrícolas.

Estructuras de protección solar: Estas estructuras están diseñadas para dar sombra a los cultivos agrícolas, protegiéndolos de la excesiva luz solar directa y generando al mismo tiempo energía solar. Pueden estar hechas de paneles solares fotovoltaicos transparentes o semitransparentes que dejan pasar la luz, proporcionando una cantidad adecuada de luz solar a las plantas. Dentro de un momento veremos los distintos tipos.

Bombas solares: Las bombas solares se utilizan para regar los cultivos agrícolas y, obviamente, utilizan energía solar. Estas bombas se alimentan directamente de los paneles, eliminando la necesidad de una conexión eléctrica externa o de un generador diésel. Las bombas solares son útiles en zonas rurales o remotas donde el acceso a la electricidad tradicional es limitado.

Iluminación solar: La iluminación solar se utiliza a menudo en zonas agrícolas para iluminar zonas de trabajo, edificios o caminos por la noche. Los sistemas de iluminación solar aprovechan la energía solar para alimentar luces LED, ofreciendo una alternativa sostenible y rentable a la iluminación tradicional.

Las variables para el diseño de un sistema agrovoltaico incluyen la elección de la estructura (fija o móvil), la altura sobre el suelo, los materiales y las características, la separación entre módulos, el ángulo de inclinación y el tipo y porcentaje de sombreado deseados.

Un sistema agrovoltaico consta de un sistema operativo (fijo o de seguimiento), una estructura de soporte y un anclaje al suelo. Se pueden utilizar todo tipo de módulos solares, pero los más comunes son los de células solares de silicio, que representan la mayor parte del mercado fotovoltaico mundial. Estos módulos constan de una lámina de vidrio en la parte delantera y una película blanca de recubrimiento en la parte trasera, montadas sobre un marco metálico. Las células solares están conectadas en serie y laminadas entre los dos elementos. Se utiliza un marco metálico para el montaje y la estabilidad.

El sistema agrovoltaico puede ser fijo (vertical, horizontal, inclinado) o variable (seguimiento de uno o dos ejes). En los sistemas de seguimiento, los módulos siguen el movimiento del sol mediante un mecanismo de seguimiento. El seguimiento de un eje sigue al sol horizontalmente, mientras que el seguimiento biaxial optimiza tanto la elevación como el acimut. Este tipo de sistema puede maximizar el rendimiento energético, pero conlleva mayores costes de adquisición y mantenimiento.

La estructura de soporte debe adaptarse a las necesidades del sistema, teniendo en cuenta la altura libre y la distancia entre filas. Una buena altura libre garantiza una distribución uniforme de la luz bajo el sistema y permite el acceso de la maquinaria agrícola. El anclaje al suelo o cimentación es importante para garantizar la estabilidad del sistema agrovoltaico. Además de las soluciones permanentes de hormigón, existen alternativas respetuosas con el medio ambiente, como los cimientos de pilotes o el sistema Spinnanker (o Spinanchor), que puede retirarse sin dejar rastro.

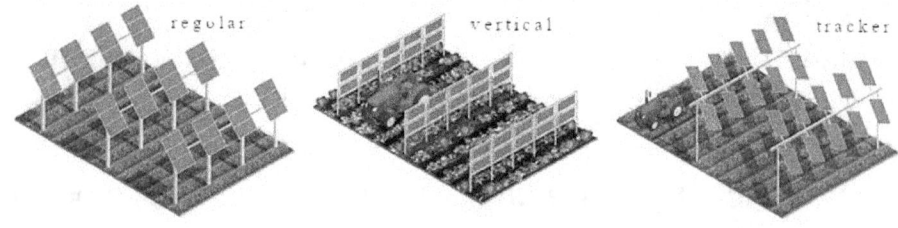

Principios básicos de agricultura sostenible

Conceptos fundamentales

La agricultura sostenible es un enfoque que pretende cultivar alimentos y producir recursos agrícolas de forma ecológicamente correcta, socialmente justa y económica. Este enfoque tiene en cuenta las necesidades de las generaciones actuales sin comprometer la capacidad de las generaciones futuras para satisfacer sus propias necesidades. He aquí los puntos principales:

Conservación de los recursos naturales: La agricultura sostenible se compromete a conservar recursos naturales como el suelo, el agua y la biodiversidad. Esto significa adoptar prácticas de gestión del suelo que reduzcan la erosión, la compactación y el agotamiento de nutrientes. Además, se promueven métodos de riego eficientes para conservar el agua y se preservan los hábitats naturales para fomentar la biodiversidad y reducir la contaminación a cero.

Reducción del uso de productos químicos: La agricultura sostenible trata de reducir el uso de fertilizantes químicos y pesticidas sintéticos que pueden tener efectos negativos sobre el medio ambiente, la salud humana y la calidad del suelo y del agua. Se promueve el uso de prácticas agrícolas alternativas como la rotación de cultivos, los cultivos intercalados, el compostaje y el control biológico de plagas y enfermedades.

Promover la biodiversidad y los ecosistemas: La agricultura sostenible se ocupa de promover la biodiversidad y unos ecosistemas agrícolas sanos. Esto incluye la conservación de especies autóctonas, la creación de hábitats para la vida salvaje, el fomento de la polinización natural y la gestión integrada de plagas y enfermedades.

Conservación del agua: Este tipo de agricultura sólo adopta prácticas de gestión del agua que reducen su uso y derroche. Esto puede incluir el riego por goteo, la recogida y utilización del agua de lluvia, la gestión de las cuencas hidrográficas y la protección de los recursos hídricos frente a la contaminación excesiva.

Valorar a las comunidades locales y a los trabajadores agrícolas: La agricultura bien hecha también se compromete a crear condiciones de trabajo dignas y a promover la participación de las comunidades locales en las decisiones sobre las prácticas agrícolas. Esto incluye respetar los derechos de los trabajadores agrícolas, promover el empleo local y desarrollar sistemas alimentarios locales que fomenten la seguridad alimentaria y la resiliencia de las comunidades.

La agricultura sostenible es un enfoque holístico que integra principios medioambientales, sociales y económicos para crear un sistema agrícola equilibrado y sostenible a largo plazo. Promueve la salud medioambiental, la salud humana y la prosperidad económica tratando de lograr un equilibrio entre las necesidades de la producción agrícola y la conservación de los recursos naturales.

Importancia de la conservación de los recursos naturales

La conservación de los recursos es de vital importancia para el bienestar de nuestro planeta y el nuestro propio. Y todos deberíamos habernos dado cuenta ya de ello

Los recursos naturales, como el **suelo**, el **agua**, los **bosques** y la famosa **biodiversidad**, son la esencia misma de la vida en la Tierra y su equilibrio es crucial para el mantenimiento de los ecosistemas y para nuestra supervivencia.

La conservación de los recursos naturales es importante por varias razones que a menudo olvidamos. En primer lugar, el equilibrio ecológico depende de la disponibilidad y el uso adecuado de estos recursos. El **suelo fértil** es esencial para la producción de alimentos y el crecimiento de las plantas. Sin una gestión adecuada del suelo, la agricultura se vuelve menos productiva y se pone en peligro la seguridad alimentaria. Además, el agua es un recurso vital para la vida. Su disponibilidad y calidad son cruciales para mantener los ecosistemas acuáticos y también para satisfacer las necesidades de las comunidades humanas. La conservación de los bosques es crucial por varias razones. Los bosques son hábitats de numerosas especies vegetales y animales, contribuyendo a la biodiversidad. También desempeñan un papel clave en la captura de carbono y la mitigación del cambio climático. La **deforestación** y el uso insostenible de los bosques pueden provocar la pérdida de biodiversidad, la **erosión del suelo** y el aumento de las emisiones de gases de efecto invernadero, contribuyendo a acelerar el cambio climático.

Repitámoslo, ¡la conservación de la biodiversidad es de suma importancia para preservar la diversidad de la vida en la Tierra! Ella sola proporciona servicios ecosistémicos esenciales, como la polinización de las plantas, la regulación del clima, la purificación del agua y la protección frente a las catástrofes naturales. Además, muchas especies vegetales y animales son fuentes de alimentos, medicinas y materiales naturales muy útiles para el ser humano.

En última instancia, la conservación de los recursos naturales es fundamental para garantizar el equilibrio ecológico, la supervivencia de las especies, la seguridad alimentaria y el bienestar de las comunidades humanas. Promover prácticas sostenibles de gestión y conservación de los recursos naturales es un **esfuerzo colectivo** que requiere la participación activa de gobiernos, instituciones, empresas y, sobre todo, de los individuos. Sólo mediante la conservación de los recursos podremos asegurar nuestro futuro.

"Cuando hayan contaminado el último río, talado el último árbol, capturado el último bisonte, pescado el último pez, sólo entonces se darán cuenta de que no pueden comerse el dinero que han acumulado en sus bancos".

Reducción del impacto medioambiental de la agricultura convencional

La reducción del impacto medioambiental de la agricultura convencional se refiere a la práctica de adoptar medidas y estrategias para mitigar los efectos negativos que la agricultura convencional puede tener sobre el medio ambiente. La agricultura convencional, que a menudo hace un uso extensivo de fertilizantes químicos, plaguicidas sintéticos y métodos de producción intensivos, tiene una serie de impactos medioambientales perjudiciales, como la contaminación del suelo y del agua, la pérdida de biodiversidad y la emisión de gases de efecto invernadero.

Para reducir el impacto medioambiental negativo de la agricultura convencional, ya se han desarrollado varias estrategias y prácticas:

Prácticas de gestión del suelo: Se promueve la adopción de prácticas que mejoren la calidad del suelo y reduzcan la erosión, como la **rotación de cultivos**, el uso de **cubiertas vegetales**, el **laboreo de conservación** y el **compostaje**. Estas prácticas contribuyen a preservar la estructura del suelo, mantener su fertilidad y reducir el riesgo de erosión.

Gestión integrada de plagas y enfermedades: Se promueve la adopción de enfoques integrados de gestión de plagas y enfermedades que reduzcan la dependencia de los pesticidas sintéticos. Esto incluye el uso de métodos biológicos y naturales de control de plagas y enfermedades, la selección de variedades resistentes y la rotación de cultivos.

Reducción del uso de aportaciones químicas: se intenta limitar el uso de fertilizantes químicos y pesticidas sintéticos probando alternativas más naturales. Esto puede incluir la adopción de técnicas de fertilización selectiva, el uso de abonos orgánicos como el compostaje y el estiércol animal.

Conservación del agua: Se promueven prácticas de gestión del agua que reduzcan el uso y el despilfarro de agua en las actividades agrícolas. Esto puede incluir el riego por goteo y el acolchado, el uso de sistemas de riego eficientes desde el punto de vista hídrico, y también, cuando sea posible, la selección de cultivos en función de las necesidades de agua.

Promoción de la biodiversidad agrícola: Se realizan esfuerzos para conservar y promover la biodiversidad agrícola, por ejemplo mediante el cultivo exclusivo de plantas locales, la creación y conservación de hábitats para la fauna y la protección de insectos como las abejas. La biodiversidad agrícola es lo que más fomenta la resistencia de los ecosistemas agrícolas y contribuye a la estabilidad de los cultivos.

...Y la Permacultura, a la que prefiero dedicar un párrafo aparte para una introducción muy breve y muy reductora...

Permacultura

La permacultura es un sistema de diseño y práctica que se basa en los principios de la ecología y la ética para crear sistemas sostenibles que satisfagan las necesidades de las personas y la naturaleza. El término "permacultura" procede de la combinación de las palabras "agricultura permanente" y "cultura", y hace hincapié en el objetivo de crear sistemas agrícolas y sociales sostenibles a largo plazo.

Fue desarrollado en la década de 1970 en Australia por **Bill Mollison** y **David Holmgren**. Los dos fundadores combinaron sus conocimientos de ecología, agricultura, antropología y diseño de sistemas para desarrollar un enfoque integrado y holístico del diseño de sistemas sostenibles. En 1978, Mollison y Holmgren publicaron el libro *"Permacultura Uno"*, considerado el texto fundamental sobre permacultura.

La permacultura se basa en tres éticas fundamentales: el cuidado de la Tierra, el cuidado de las personas y el reparto equitativo de los recursos. Esta ética guía las decisiones y acciones de los permacultores a la hora de diseñar y gestionar los sistemas. La permacultura también incorpora doce principios de diseño que proporcionan directrices para crear sistemas sostenibles, incluido el uso moderado de los recursos, el diseño para la resiliencia y el fomento de la diversidad.

La permacultura va más allá de la agricultura e incluye una visión más amplia de los sistemas de vida sostenibles. Se aplica no sólo a la agricultura, sino también a la arquitectura, el diseño paisajístico, la gestión

27

del agua, las energías renovables, la educación, la economía y la comunidad. El objetivo es crear sistemas integrados que estén en armonía con los procesos naturales, fomenten la biodiversidad, sean eficientes energéticamente y satisfagan las necesidades de las personas de forma sostenible.

Ha tenido un impacto significativo en el movimiento ecologista y en el diseño sostenible y se ha convertido en una filosofía de vida para muchos que buscan vivir de forma más armoniosa con el entorno natural. La permacultura ha sido adoptada en todo el mundo, con proyectos y comunidades que aplican los principios y prácticas de la permacultura para crear modelos de vida sostenibles y resistentes.

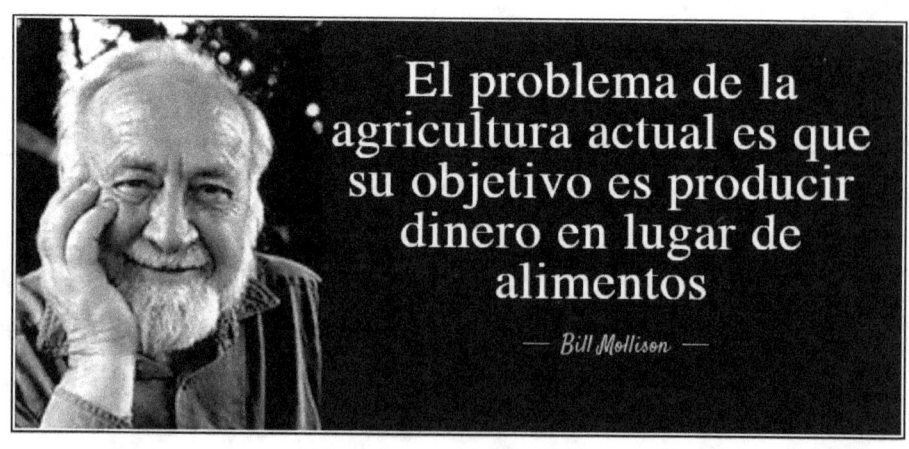

El problema de la agricultura actual es que su objetivo es producir dinero en lugar de alimentos

— Bill Mollison —

Diseño y planificación de un sistema agrovoltaico

Elegir la ubicación y la orientación ideales

Elegir ubicación y orientación ideales para un sistema agrovoltaico depende de varios factores que deben tenerse en cuenta y requiere un análisis exhaustivo de las condiciones locales, los requisitos de los cultivos agrícolas y las capacidades técnicas y económicas. He aquí algunos puntos clave a tener en cuenta al seleccionar la ubicación:

Exposición al sol: Es esencial colocar el sistema agrovoltaico en una zona con buena exposición al sol. Esto significa que la zona debe estar expuesta directamente a la luz solar durante la mayor parte del día. Un análisis preciso de la radiación solar puede ser útil para determinar la idoneidad de una zona concreta. En el Capítulo 2, he indicado un sitio útil para realizar un análisis preciso.

Sombreado: Es importante evaluar la presencia de cualquier obstáculo que pueda causar un sombreado significativo en el sistema agrovoltaico. Los árboles, edificios u otras estructuras pueden reducir la eficacia del sistema fotovoltaico y afectar al crecimiento de las plantas.

Topografía del terreno: La topografía del terreno puede afectar a la eficiencia del sistema agrovoltaico. Es preferible elegir un terreno relativamente llano para facilitar la instalación de los paneles solares y garantizar una exposición adecuada al sol.

Condiciones del suelo y drenaje: Es importante tener en cuenta la calidad del suelo y su capacidad de drenaje. Un suelo bien drenado ayuda a evitar la acumulación de agua y el riesgo de estancamiento, que podría dañar tanto los paneles solares como los cultivos agrícolas.

Accesibilidad e infraestructura: Es necesario evaluar la accesibilidad de la zona para facilitar la instalación, el mantenimiento y la gestión del sistema agrovoltaico. Además, es importante tener en cuenta la presencia de infraestructuras, como el acceso a la electricidad y a la red de distribución, para garantizar la correcta conexión del sistema fotovoltaico.

Consideraciones agronómicas: Es esencial tener en cuenta las necesidades específicas de los cultivos agrícolas que se producirán en la zona agrovoltaica. Algunos cultivos pueden requerir condiciones de exposición diferentes o beneficiarse de determinadas características del suelo. La interacción entre la energía solar y el cultivo de plantas debe evaluarse cuidadosamente para maximizar los beneficios de ambos sistemas.

Selección de cultivos compatibles con la agrovoltaica

La selección de cultivos compatibles con la agrovoltaica es un aspecto importante para garantizar el éxito y la productividad del sistema. El objetivo es encontrar cultivos que puedan coexistir en simbiosis con los paneles solares, aprovechando al máximo el espacio y optimizando los recursos disponibles. He aquí algunos factores a tener en cuenta al seleccionar los cultivos:

Altura de los cultivos: Elige cultivos que no obstruyan la radiación solar en los paneles solares. Los cultivos de baja altura o verticales, como hierbas, verduras de hoja, flores o arbustos compactos, suelen ser más adecuados, ya que no interfieren en la producción de energía solar.

Ciclo de crecimiento: Es importante seleccionar cultivos con ciclos de crecimiento compatibles con la producción de energía solar. Por ejemplo, los cultivos anuales o bianuales que se cosechan o sustituyen antes de que las hojas de los paneles solares queden a la sombra pueden ser una elección adecuada.

Tolerancia a la sombra: A pesar de los intentos de reducir el sombreado, es inevitable que los paneles solares creen sombra sobre los cultivos situados debajo. Por tanto, es importante seleccionar cultivos que toleren la sombra parcial y puedan seguir creciendo y desarrollándose en estas condiciones.

Necesidades de agua: Ten en cuenta las necesidades de agua de los cultivos y la disponibilidad de recursos hídricos en la zona. Elegir cultivos que requieran cantidades similares de agua puede facilitar la gestión del riego en el sistema de riego agrícola.

Biodiversidad y sinergias ecológicas: Promover la biodiversidad en el sistema agrovoltaico puede tener importantes beneficios ecológicos. Elegir cultivos que atraigan insectos polinizadores, repelan plagas o fomenten el control biológico de plagas puede ayudar a crear un equilibrio ecológico en el sistema.

Elección económica: Aunque Toro Sentado y los fundadores de la Permacultura no lo verían con buenos ojos, la rentabilidad de los cultivos seleccionados debe evaluarse en relación con los costes de producción y los mercados de venta. Elegir cultivos comercialmente valiosos que tengan demanda en el mercado puede contribuir a la sostenibilidad económica del sistema agrovoltaico.

El objetivo final es crear una combinación de cultivos y paneles solares que se apoyen mutuamente y maximicen la producción sostenible de alimentos y energía.

En el contexto de la agrovoltaica, hay varios cultivos que se adaptan bien a este sistema combinado de producción de energía solar y agricultura. Estos cultivos se seleccionan en función de sus características y su capacidad para crecer y prosperar en un entorno que incluye paneles solares. Veamos algunos ejemplos de cultivos que suelen considerarse adecuados para la agrovoltaica.

Las **hierbas aromáticas**, como la **menta**, el **perejil**, la **albahaca**, la **salvia** y la **lavanda**, son una opción popular. Son plantas bajas que no necesitan luz solar directa prolongada y pueden cultivarse fácilmente entre los paneles solares.

Las verduras de **hoja verde**, como la **lechuga**, la **espinaca** y la **rúcula**, también son adecuadas para la agrovoltaica. Estos cultivos se caracterizan por un ciclo de crecimiento rápido.

Las plantas trepadoras de bajo crecimiento, como los

guisantes, las **judías** o los **calabacines** trepadores, pueden crecer verticalmente sin interferir con los paneles solares, aprovechando eficazmente el espacio disponible.

Algunas **flores bajas**, como los **girasoles enanos** o las **caléndulas**, pueden cultivarse en el entorno agrovoltaico, añadiendo valor estético a la zona y atrayendo a polinizadores beneficiosos.

Además, algunas variedades de **arbustos frutales**, como los **arándanos**, las **moras** o las **fresas**, son adecuadas para la agrovoltaica. Estos arbustos compactos pueden cultivarse entre los paneles solares sin crear un sombreado significativo.

Impacto de la sombra en los cultivos

Estudiar los efectos del sombreado

Los estudios sobre los efectos del sombreado en las plantas son cruciales para comprender cómo la presencia de estructuras como los paneles solares en la agricultura puede afectar al crecimiento y la salud de los cultivos. Estos estudios nos permiten evaluar los efectos positivos o negativos del sombreado sobre las plantas y adoptar estrategias adecuadas para maximizar la productividad en el entorno agrovoltaico.

Al hablar del sombreado de las plantas, es importante tener en cuenta varios aspectos. En primer lugar, la intensidad y la duración del sombreado varían en función de la posición de los paneles solares, el ángulo, el tamaño de las estructuras y el curso del sol durante el día.

Los efectos del sombreado en las plantas dependen de varios factores, como el tipo de cultivo, el periodo de sombreado, la intensidad de la luz solar reducida y las condiciones ambientales circundantes. En general, el sombreado puede afectar a lo siguiente

Fotosíntesis y crecimiento de las plantas: El sombreado reduce la intensidad de la luz solar que llega a las plantas, afectando a la fotosíntesis, el proceso por el que las plantas convierten la luz solar en energía química para crecer. Una exposición reducida a la luz solar puede limitar la capacidad de las plantas para producir nutrientes y crecer de forma óptima.

Desarrollo morfológico: El sombreado puede influir en

el comportamiento morfológico de las plantas, por ejemplo provocando un mayor crecimiento en altura (fototropismo positivo) para alcanzar la luz solar o una menor ramificación lateral.

Producción de flores y frutos: El sombreado puede afectar a la producción de flores y frutos. Algunas plantas pueden tener una capacidad de floración reducida o una disminución de la calidad y la cantidad de frutos producidos debido a la menor exposición a la luz solar.

Competencia con las malas hierbas: El sombreado también puede afectar a la competencia de las plantas con las malas hierbas. La reducción de la luz solar puede favorecer el crecimiento de las malas hierbas, que tienen que competir con los cultivos agrícolas por el agua, los nutrientes y el espacio.

Para comprender plenamente los efectos del sombreado sobre las plantas en el entorno agrovoltaico, es necesario realizar estudios específicos sobre distintos cultivos, evaluar su tolerancia a la sombra y adaptar las prácticas agronómicas en consecuencia. Se pueden adoptar varias estrategias para mitigar los efectos negativos del sombreado, como elegir cultivos adaptados a la sombra parcial, optimizar la disposición de los paneles solares y aplicar técnicas de gestión del suelo y el riego.

Los estudios sobre los efectos del sombreado en las plantas en el contexto de la agrovoltaica son un campo de investigación en evolución, ya que el objetivo es encontrar un equilibrio óptimo entre la producción de energía solar y la eficiencia agrícola. Esta investigación nos permite adoptar prácticas agrovoltaicas cada vez más sostenibles y maximizar los beneficios tanto en términos de producción de energía renovable como de producción agrícola. Sin embargo, como ya se ha dicho, **todavía no hay reglas aplicables a todo el mundo, por lo que es importante armarse con todos los conocimientos que ya se tienen y ¡experimentar por uno mismo!**

Protección contra los daños del sol y los fenómenos meteorológicos extremos. La sombra reduce la evaporación y mantiene la humedad del suelo. Disminuye la temperatura del suelo en los días calurosos.

Adaptación de los cultivos a la sombra

Sin embargo, los cultivos agrícolas pueden adaptarse a la sombra de varias formas para optimizar su crecimiento y producción. Éstos son algunos de los mecanismos de adaptación que utilizan las plantas para hacer frente a la sombra:

Fototropismo positivo: Muchas plantas muestran una respuesta denominada fototropismo positivo, que significa que tienden a crecer hacia la luz. Cuando están a la sombra, las plantas extienden sus tallos u hojas hacia las fuentes de luz disponibles para maximizar la absorción de energía solar.

Aumento de la eficacia fotosintética: Las plantas a la sombra también pueden adaptarse aumentando la eficacia del proceso fotosintético. Esto puede hacerse modificando la arquitectura de las hojas, por ejemplo desarrollando hojas más finas o anchas para captar más luz, o aumentando la concentración de clorofila en las hojas para maximizar la absorción de la luz disponible.

Crecimiento lateral reducido: Las plantas sombreadas pueden reducir el crecimiento lateral, concentrándose en cambio en el crecimiento vertical para alcanzar la luz disponible. Esto puede dar lugar a una mayor altura de la planta y a una reducción de la ramificación lateral.

Ajuste de los tiempos de floración: Algunas plantas pueden incluso ajustar sus tiempos de floración. Pueden florecer en momentos en los que hay más luz solar disponible o pueden prolongar el tiempo de floración para maximizar la producción de semillas o frutos.

Desarrollo de mecanismos de tolerancia a la sombra: Algunas plantas son capaces de desarrollar mecanismos de tolerancia a la sombra, como una mayor capacidad para soportar condiciones de luz solar reducida. Estas plantas pueden adaptarse a las condiciones de sombra y mantener un crecimiento y una producción aceptables a pesar de las cantidades reducidas de luz.

Es importante señalar que la adaptabilidad de los cultivos al sombreado puede variar según la especie y las condiciones específicas del entorno. Algunos pueden ser más adaptables que otros y pueden ser preferibles en los sistemas agrovoltaicos en los que la sombra es un factor más importante (mayor densidad de paneles).

Maximizar la eficiencia de la producción agrícola en la agrovoltaica

Para maximizar la eficiencia de la producción agrícola en la agrovoltaica, pueden adoptarse varias estrategias. A continuación se enumeran algunas consideraciones clave:

Elección del cultivo: Mundano pero siempre infravalorado, elige cultivos adaptados al entorno agrovoltaico, teniendo en cuenta la exposición, la sombra y las necesidades de agua. Optar por cultivos de ciclo corto o cultivos perennes adaptados a la sombra parcial puede permitir mayores rendimientos.

Rotación de cultivos: Aplicar la rotación de cultivos, otra técnica antigua y olvidada, ayuda a preservar la fertilidad del suelo, reducir el riesgo de enfermedades y plagas y maximizar la eficiencia de los recursos. Alterar los cultivos secuencialmente en distintas secciones de la zona agrovoltaica favorece una utilización equilibrada de todos los recursos.

Cultivos complementarios: Integra cultivos que se complementen entre sí y promuevan sinergias ecológicas. Por ejemplo, algunas plantas aromáticas pueden repeler insectos perjudiciales para otros cultivos o atraer polinizadores beneficiosos. Elegir cultivos que interactúen positivamente puede promover un sistema agroecológico más resistente y eficiente. Hay tablas muy claras, probadas y comprobadas que son válidas en todas partes.

Gestión del riego: Vigila de cerca las necesidades de agua de los cultivos y adopta un sistema de riego adecuado para garantizar un suministro óptimo de agua. El uso de tecnologías como los sensores de humedad del suelo y los sistemas de riego por goteo pueden permitir una gestión más precisa y específica del agua.

Hay sistemas muy sencillos y fabricados en Italia, como "*Arduino*", que te permiten tener la situación bajo control con sólo unos euros. **'Arduino Grow Station'** es otro término que puedes buscar en Google.

Control de las malas hierbas: Mantén un control eficaz de las malas hierbas para evitar la competencia con los cultivos agrícolas. El uso de métodos mecánicos como el arado o el abono verde, junto con técnicas de cobertura del suelo como el acolchado, siempre han ayudado a reducir el crecimiento de las malas hierbas.

Control y gestión integrados de plagas y enfermedades: Presta atención a la vigilancia oportuna de las enfermedades y plagas de las plantas, adoptando estrategias de gestión integrada que incluyan métodos culturales y biológicos (si es necesario, también químicos, pero selectivos). Una gestión preventiva y cuidadosa puede minimizar las pérdidas de producción y el uso de pesticidas.

Control del rendimiento del sistema agrovoltaico: evalúa continuamente la eficiencia del sistema agrovoltaico recopilando datos sobre el rendimiento de los cultivos, la producción de energía solar y la utilización de los recursos. Esta información proporciona información muy valiosa para introducir mejoras y optimizar el rendimiento general del sistema.

Riego y gestión del agua

Sistemas de riego eficientes y sostenibles

Los sistemas de riego son de vital importancia para garantizar un uso responsable de los recursos hídricos y maximizar la producción agrícola. Estos sistemas están diseñados para optimizar la eficiencia en el uso del agua, reducir los residuos y minimizar los impactos negativos sobre el medio ambiente. Veamos algunos de los principales sistemas de riego utilizados para lograr estos objetivos.

Uno de los sistemas más populares es el **riego por goteo**, que consiste en suministrar agua directamente a las raíces de las plantas a través de pequeños goteros o tuberías porosas. Este sistema reduce las pérdidas de agua por evaporación y erosión del suelo, permitiendo un uso más selectivo y eficiente de los recursos hídricos disponibles. Otro sistema eficaz es el riego por **microaspersión**, que utiliza pequeños chorros de agua para regar las plantas. Este sistema permite una distribución uniforme del agua sobre el suelo, reduciendo las pérdidas y permitiendo un control preciso de la cantidad de agua suministrada a las plantas. Otra opción es el riego por subirrigación, que consiste en sumergir parcial o totalmente el suelo para que las raíces de las plantas absorban el agua necesaria. Este sistema es especialmente adecuado para suelos con buena capacidad de retención de agua.

El riego por **aspersión** es otra técnica habitual, que consiste en utilizar aspersores para distribuir uniformemente el agua sobre los cultivos. Es importante utilizar aspersores de alta calidad para reducir las pérdidas por evaporación y efecto deriva.

Además, la tecnología moderna ha introducido sistemas de riego de precisión, que combinan el uso de sensores de humedad del suelo y controles automáticos para suministrar agua exactamente cuándo y dónde se necesita. Esto evita el riego excesivo o insuficiente, reduciendo el despilfarro y optimizando la eficiencia global del agua.

Otra consideración importante es el uso de la energía solar para alimentar los sistemas de riego. Este enfoque aprovecha la energía renovable del sol para hacer funcionar las bombas y los sistemas de riego, reduciendo el impacto medioambiental asociado al uso de combustibles fósiles.

Para maximizar la eficacia y sostenibilidad de los sistemas de riego, también es esencial adoptar prácticas de gestión del suelo, como cubrirlo con materia orgánica (el ya mencionado acolchado). Además, vigilar de cerca las necesidades de agua de los cultivos y adaptar el régimen de riego según las condiciones climáticas puede ayudar a reducir el despilfarro y mejorar la gestión del agua.

La adopción de sistemas de riego eficientes y sostenibles contribuye sin duda a reducir el consumo de agua, preservar la calidad del suelo, limitar la erosión y la contaminación de las aguas subterráneas y promover una gestión responsable del agua en el sector agrícola. Estos sistemas son un paso importante hacia una agricultura mucho más sostenible y eficiente.

Recogida y utilización del agua de lluvia

La recogida y utilización del agua de lluvia desempeñan un papel clave en la gestión sensata y sostenible de los recursos hídricos. He aquí algunas de las principales ideas:

Conservación de los recursos hídricos: El agua es a la vez el recurso más preciado y el más limitado. Recoger y utilizar el agua de lluvia nos permite reducir nuestra dependencia de las fuentes tradicionales de agua dulce, como ríos, lagos y acuíferos. Esto contribuye a preservar los recursos hídricos disponibles para usos esenciales y a reducir la presión sobre el suministro de agua. Tendremos bastantes problemas en el futuro si no empezamos también a gestionar bien el agua de lluvia.

Reducir el estrés hídrico: En muchas regiones del mundo, la escasez de agua se ha convertido en un problema cotidiano. La recogida y utilización del agua de lluvia puede proporcionar una fuente adicional de agua para fines no potables, como el riego de cultivos, el lavado de animales, la limpieza de superficies y la refrigeración. Esto ayuda a reducir el estrés hídrico y a garantizar la sostenibilidad de los usos del agua.

Reducción de la contaminación del agua: La recogida de agua de lluvia puede ayudar a reducir la carga de contaminantes que acaban en las aguas superficiales y subterráneas. El agua de lluvia puede arrastrar contaminantes como fertilizantes, pesticidas, aceites y sedimentos del suelo y las superficies urbanas. Recogiendo y tratando estas aguas, se puede evitar o reducir la contaminación de los recursos hídricos.

Reducción de las inundaciones: La recogida de agua de lluvia puede ayudar a reducir el riesgo de inundaciones localizadas. Al recoger el agua de lluvia mediante sistemas de drenaje y embalses, se puede restringir el flujo directo a los cursos de agua y canales de drenaje, evitando la sobrecarga de los sistemas de drenaje y reduciendo el riesgo de inundaciones. Poca cosa, pero todo suma, incluso que la gota que colma el vaso...

Ahorro económico: Utilizar el agua de lluvia reduce indudablemente los costes asociados al suministro tradicional de agua. La instalación de sistemas de recogida de agua de lluvia puede requerir una inversión inicial, pero a largo plazo puede suponer un ahorro considerable en el gasto de agua.

Promover la sostenibilidad: La recogida y utilización del agua de lluvia son prácticas sostenibles que promueven la gestión responsable del agua y la conservación del medio ambiente. En resumen, son prácticas que ayudan a conservar y proteger los recursos hídricos.

En conclusión, la recogida y utilización del agua de lluvia son importantes para garantizar la conservación de los recursos hídricos, reducir el estrés hídrico, prevenir la contaminación del agua, gestionar las inundaciones y promover la sostenibilidad. Estas prácticas son una forma eficaz de utilizar responsable y eficientemente un recurso natural valioso como el agua de lluvia.

Gestión integrada del agua para la agricultura y la energía

La gestión integrada del agua para la agricultura y la energía es un planteamiento que pretende coordinar y optimizar el uso de los recursos hídricos para satisfacer simultáneamente las necesidades de la agricultura y la producción de energía. Este enfoque reconoce la interconexión entre el uso del agua con fines agrícolas y energéticos y trata de abordar los retos y oportunidades que surgen de esta interacción.

En el contexto de la agricultura, el agua es esencial para el riego de los cultivos y la producción de alimentos. Sin embargo, la demanda de agua para fines agrícolas puede ser importante y ejercer presión sobre los recursos hídricos disponibles. Por otra parte, la producción de energía también requiere una cantidad considerable de agua, por ejemplo para la refrigeración de las centrales térmicas o la producción de biocombustibles. Éste no es exactamente el tema de este libro, pero hay que decir dos palabras.

La gestión integrada del agua para la agricultura y la energía intenta abordar los retos asociados a estas dos actividades, tratando de maximizar la eficiencia en el uso del agua y minimizar los impactos negativos sobre el medio ambiente. Este planteamiento se basa en una serie de estrategias y prácticas, entre ellas

Planificación y coordinación: Esto implica planificar el uso del agua tanto para la agricultura como para la energía de forma integrada, teniendo en cuenta las necesidades locales, la disponibilidad de agua y las prioridades. La cooperación entre ambos sectores y la colaboración entre las partes interesadas son fundamentales para una gestión eficaz de los recursos hídricos.

Uso eficiente del agua: La adopción de prácticas que mejoren la eficiencia del uso del agua es un aspecto clave de la gestión integrada. Esto incluye el uso de sistemas de riego eficientes, la programación optimizada del riego (necesidades de los cultivos), el **control** de la humedad del suelo y la aplicación de técnicas de **riego de precisión.**

Uso de fuentes de energía sostenibles: Promover el uso de fuentes de energía renovables reduce el impacto medioambiental asociado a la producción de energía. La adopción de tecnologías solares, eólicas o hidroeléctricas ayuda a reducir la dependencia de fuentes intensivas en agua.

Gestión de las aguas residuales: El agua procedente de la producción agrícola puede tratarse y reutilizarse para el riego o la generación de energía hidroeléctrica. El reciclaje de las aguas residuales es una estrategia importante para optimizar el uso de los recursos hídricos.

Control y evaluación: Es importante controlar el uso del agua y evaluar la eficacia de las estrategias de gestión aplicadas. El seguimiento de los recursos hídricos, el consumo y los impactos medioambientales permite introducir correcciones o mejoras en el sistema de gestión.

Vigilancia y control de los parámetros medioambientales

Importancia de controlar los parámetros medioambientales

La vigilancia de los parámetros medioambientales es esencial para evaluar el impacto de las actividades humanas en el medio ambiente y poder adoptar medidas eficaces de mitigación y conservación. Mediante la vigilancia se pueden tomar las decisiones adecuadas para preservar la salud de los ecosistemas y promover la sostenibilidad medioambiental.

La vigilancia de los parámetros medioambientales consiste en la recogida sistemática y periódica de datos e información sobre diversos aspectos del medio ambiente, como la calidad del aire, la calidad del agua, la biodiversidad, la contaminación, el clima y otros indicadores medioambientales. Este proceso incluye la instalación de instrumentos de encuesta y la realización de muestreos, análisis y observaciones para evaluar el estado del medio ambiente y los posibles cambios a lo largo del tiempo. La vigilancia medioambiental proporciona así la base de esa información crucial que permite identificar los problemas, evaluar la eficacia de las políticas y las prácticas de gestión y tomar las decisiones adecuadas.

Tecnologías de monitorización en agrovoltaica

He aquí algunos ejemplos de tecnologías:

Sensores de radiación solar: Estos sensores miden la intensidad y la dirección de la radiación solar que incide sobre la zona agrícola. Esta información permite evaluar la eficacia de los paneles solares en la absorción de la energía solar e identificar las zonas de sombra que pueden afectar a la producción de energía.

Sensores de humedad del suelo: Estos sensores miden el contenido de humedad del suelo a distintas profundidades. Esto permite controlar las condiciones del agua del suelo y optimizar las prácticas de riego, **evitando despilfarros y carencias.**

Sensores meteorológicos: Estos sensores miden diversos parámetros meteorológicos, como la temperatura del aire, la humedad relativa, la velocidad y la dirección del viento. Esta información es importante para conocer el entorno de crecimiento de los cultivos y el efecto del clima en la eficiencia de los propios paneles solares. A temperaturas demasiado altas o demasiado bajas, su rendimiento cambia...

Sistemas de vigilancia de cultivos: Estos sistemas utilizan sensores y tecnologías avanzadas para vigilar el crecimiento de los cultivos, la calidad del suelo y otros parámetros agronómicos. Por ejemplo, pueden medir la altura de las plantas, la cubierta vegetal, la clorofila de las hojas y otras características para evaluar la salud de los cultivos y la eficiencia fotosintética.

Control de la energía: Estos sistemas miden la producción de energía de los paneles solares y controlan la eficacia de los sistemas de conversión y transformación de la energía. Esto permite evaluar el rendimiento de los sistemas e identificar cualquier problema o fallo.

El uso combinado de estas tecnologías de monitorización proporciona una visión completa de las interacciones entre la energía solar, los cultivos agrícolas y el entorno circundante. Esto permite a los agricultores y a los operadores de sistemas agrovoltaicos personalizar y, por tanto, mejorar la gestión de los cultivos, el riego, la gestión de la energía y la optimización general del sistema.

Como ya se ha dicho, **la agrovoltaica no es ni puede ser todavía una ciencia exacta, dada la complejidad y el número de factores que intervienen.** Es la experiencia personal y local la que marcará la diferencia a largo plazo. Por tanto, aunque existe una base sólida tanto para la fotovoltaica como para la agricultura, lo cierto es que cada lugar del planeta será diferente.

Beneficios económicos de la agrovoltaica

Reducir los costes energéticos de la agricultura

Reducir los costes energéticos en la agricultura es un objetivo clave para mejorar la eficiencia y la sostenibilidad de todas las operaciones agrícolas. Hay varias estrategias que pueden adoptarse para lograr este objetivo.

En primer lugar, el uso obvio de energías renovables. La instalación de paneles solares y el uso de turbinas eólicas proporcionan una fuente de energía limpia y de bajo coste para alimentar todas las operaciones agrícolas. Además, la adopción de medidas para mejorar la eficiencia energética desempeña un papel crucial en la reducción de costes. Esto puede incluir el uso de tecnologías avanzadas, como motores eléctricos de alta eficiencia, **iluminación LED** de bajo consumo y aislamiento térmico en las instalaciones agrícolas. Son prácticas que ayudan a optimizar el uso de la energía y a reducir los residuos. Otro aspecto importante se refiere a la optimización de los sistemas de riego. El riego es una de las actividades agrícolas que requiere una cantidad considerable de energía. El uso de sistemas de riego eficientes, como el riego por goteo o el riego de precisión, reduce el consumo de energía asociado, además de mejorar la eficiencia en el uso del agua.

El uso de tecnologías avanzadas, como **sensores inteligentes y sistemas de automatización**, ofrece más oportunidades para optimizar el uso de la energía en la agricultura. Estas tecnologías permiten controlar y regular con precisión el riego, la iluminación y otras actividades, reduciendo el despilfarro.

Por último, la **cooperación entre explotaciones** puede ayudar a reducir los costes energéticos. Las redes cooperativas permiten intercambiar energía entre explotaciones, lo que permite compartir los recursos energéticos y reducir los costes globales. Cooperar y compartir siempre es mejor. También te recomiendo que te informes sobre las "**comunidades energéticas**".

La reducción de los costes energéticos habituales no sólo supone un ahorro económico para los agricultores, sino que también representa una importante contribución a la sostenibilidad medioambiental.

Oportunidades de ingresos adicionales mediante la producción de energía

La producción de energía representa una importante oportunidad de generar ingresos adicionales para los agricultores y ganaderos. Hay varias formas de aprovechar esta oportunidad:

Venta de energía: los agricultores pueden instalar sistemas de producción de energía renovable, como paneles solares o turbinas eólicas, y vender la energía producida a la red. Se trata de una práctica muy extendida en toda Europa, que les permite ganar dinero con la energía que generan, gracias a acuerdos de compra e incentivos gubernamentales.

Autoconsumo de energía: los agricultores pueden utilizar la energía producida para satisfacer sus propias necesidades energéticas dentro de sus actividades agrícolas. Esto les permite reducir la cantidad de energía comprada y conseguir importantes ahorros no sólo a largo plazo.

Diversificación de las actividades: La instalación de sistemas de producción de energía renovable también representa una forma de diversificación de las actividades agrarias. Tanto los agricultores como los ganaderos pueden combinar la producción de energía con las actividades agrícolas tradicionales, creando nuevas oportunidades de ingresos y reduciendo la dependencia de una única fuente de ingresos.

Incentivos y subvenciones: En muchos países existen programas e incentivos gubernamentales destinados a fomentar la producción de energía a partir de fuentes renovables. Cualquiera puede beneficiarse de estos programas, que ofrecen subvenciones, tarifas bajas, exenciones fiscales e incluso financiación a fondo perdido para la instalación y el funcionamiento de plantas de producción de energía.

Así pues, la integración de la producción de energía en las actividades agrícolas ofrece nuevas oportunidades económicas en todos los sentidos.

Evaluación económica de la agrovoltaica

La agrovoltaica, al combinar la agricultura y la producción de energía solar, ofrece una serie de interesantes oportunidades económicas. La evaluación económica de un sistema de este tipo es crucial para saber si es una opción económicamente ventajosa. En primer lugar, hay que tener en cuenta **los costes de inversión iniciales.** Poner en marcha un sistema agrovoltaico requiere obviamente la compra e instalación de estructuras, la implantación de un sistema de riego adecuado y otros requisitos de infraestructura. Los costes varían en función del tamaño del sistema, la tecnología utilizada y las especificaciones del terreno. Ten en cuenta que a veces es mejor empezar poco a poco sin invertir grandes sumas. Esto te permite practicar y empezar a descubrir las características típicas de la zona y su influencia en el sistema completo, que luego puede ampliarse.

Una vez montado el sistema, ya sea grande o pequeño, la energía solar se convierte finalmente en electricidad que puede utilizarse en la granja para satisfacer sus propias necesidades. Alternativamente, será posible venderla a la red nacional, obteniendo ingresos mediante pagos del operador.

Otro aspecto a considerar es la posible **diversificación y expansión de las actividades agrícolas**. La agrovoltaica permite a los agricultores combinar la producción de energía con nuevas actividades agrícolas tradicionales, creando nuevas fuentes de ingresos. Por ejemplo, pueden cultivar plantas adecuadas para la sombra de los paneles solares, que antes no podían cultivarse. Dado que los paneles cambian de todos modos el microclima, está claro que esto ofrece otras posibilidades que hay que explorar.

Sin embargo, la evaluación económica de la agrovoltaica también debe tener en cuenta los posibles riesgos e incertidumbres. Las fluctuaciones de los precios de la energía, los cambios en las condiciones climáticas y los cambios normativos pueden afectar a la rentabilidad del proyecto. Es importante realizar un análisis, teniendo en cuenta todos los costes y beneficios a largo plazo, para evaluar si la agrovoltaica representa una oportunidad económica rentable.

Incentivos

La agrovoltaica es una tecnología que requiere instalaciones bastante caras, que cuestan hasta un 30-40% más que un sistema fotovoltaico convencional montado en el suelo. Estos gastos representan una carga importante que los agricultores a menudo no pueden soportar por sí solos. Para permitir el desarrollo de esta tecnología, el uso de incentivos económicos resulta crucial. Hasta ahora, la difusión de los sistemas agrovoltaicos se ha visto obstaculizada por la falta de inclusión normativa en el sistema de incentivos. Sin embargo, las últimas leyes europeas han incluido la agrovoltaica entre las tecnologías incentivadas para la producción de energía renovable, siempre que se cumplan ciertos requisitos.

Los incentivos estatales también se extienden a los sistemas fotovoltaicos agrícolas o agrovoltaicos, siempre que se cumplan simultáneamente las tres condiciones siguientes:

1. Utilización de soluciones innovadoras.

2. Altura de los módulos desde el suelo para no comprometer las actividades agrícolas y pastorales.

3. Presencia de sistemas de control para verificar el impacto medioambiental.

Casos prácticos y éxitos de la agrovoltaica

Diseño de un sistema agrovoltaico

He aquí algunos ejemplos de proyectos agrovoltaicos de éxito que se han llevado a cabo en distintas partes del mundo:

"SolarCrop" en Japón: Este proyecto implantó paneles solares suspendidos por encima de los campos de cultivo de arroz. La sombra proporcionada por los paneles solares ayudó a reducir el estrés térmico en las plantas de arroz y a mejorar el rendimiento de las cosechas. El proyecto demostró que la agrovoltaica puede fomentar la producción de alimentos y la energía renovable en una superficie limitada de terreno.

"Ciel et Terre" en Francia: Este proyecto utilizó paneles solares flotantes en embalses para generar energía solar. Los paneles solares flotantes se colocaron en un lago artificial y suministraron electricidad a la red eléctrica local. El uso de los embalses para la instalación de los paneles solares maximizó la eficiencia del terreno y conservó los recursos hídricos.

"Food and Energy Training and Education" (FETD) en Estados Unidos: Este proyecto creó un modelo agrovoltaico que combina la producción de alimentos y la energía renovable. Se instalaron paneles solares en estructuras elevadas para crear sombra y proporcionar un entorno favorable al cultivo de verduras de alto valor nutritivo. El proyecto demostró que la agrovoltaica puede contribuir a la producción sostenible de alimentos y a la generación de energía limpia.

"AgriPV" en Holanda: Este proyecto combinaba agricultura y energía solar mediante la instalación de paneles solares en invernaderos agrícolas. Los paneles solares proporcionaron energía para la iluminación y el riego de los invernaderos, reduciendo así los costes energéticos y el impacto medioambiental. El proyecto demostró que la agrovoltaica puede mejorar la eficiencia energética en la agricultura y permitir una mayor producción de cultivos.

En Italia, he aquí varios ejemplos:

"Tarquinia": Enel Green Power ha iniciado la construcción del mayor parque solar agrovoltaico de Italia, situado en Tarquinia, en la provincia de Viterbo. La planta tendrá una capacidad de unos 170 MW y podrá producir una media de 280 GWh de energía renovable al año. Además de contribuir significativamente a la producción de energía limpia, el parque solar evitará la emisión de unas 130.000 toneladas de CO_2 al año y sustituirá el consumo de 26 millones de metros cúbicos de gas fósil. Se utilizará tecnología de módulos fotovoltaicos de doble cara montados sobre seguidores solares para maximizar la eficiencia energética. Además, el parque solar se integrará con actividades agrícolas, cultivando forraje, borrajas y olivos en las zonas libres entre los paneles y en las franjas de amortiguación de las líneas eléctricas aéreas. El proyecto es un paso importante hacia la producción de energía sostenible y la valorización de la tierra.

"Svolta": en Apulia, se ha creado la primera planta agrovoltaica del país y una de las primeras de Europa. La historia nos la cuenta Nicola Mele, un empresario centrado en la agricultura ecológica, la investigación y una nueva planta de 8 MW. El vínculo entre agrovoltaica y sostenibilidad puede explicarse de muchas maneras, pero para concretarlo nada mejor que un ejemplo práctico proporcionado por la historia de una empresa agrícola fundada en Apulia, que fue la primera de Italia (y de las primeras de Europa y quizá del mundo) en tener la previsión de crear una planta agrovoltaica en 2011. Hoy, el empresario que creó las condiciones para el nacimiento de esa planta, que tenía una capacidad de casi 1 MW, tiene un proyecto aún más ambicioso: construir una planta de 8 MW, combinando la producción de energía a partir de fuentes renovables con la agricultura. En este caso concreto, la intención es iniciar la producción de vino según criterios ecológicos, convencido de que vincular la energía fotovoltaica con la agricultura es beneficioso.

Pero eso no es todo: subyace al proyecto la convicción de que conciliar ambos mundos es beneficioso para la agricultura. Esta convicción está respaldada por pruebas científicas procedentes de estudios realizados por Maurizio Boselli, ex profesor de viticultura de la Universidad de Verona, y Giuseppe Ferrara, profesor de arboricultura y fruticultura de la Universidad de Bari. Ambos comparten una historia común con Nicola Mele, el empresario que contribuyó al nacimiento de la empresa apulense Svolta, donde se creó la planta agrofotovoltaica, y a la posterior creación de I Prodotti della Svolta. Esta empresa es uno de los miembros fundadores de AIAS, la asociación italiana para la agrovoltaica sostenible.

La historia de Svolta comenzó en la región del Véneto en

57

2008, cuando la Universidad de Verona decidió llevar a cabo una investigación para comprender el potencial de conciliar la producción fotovoltaica con la agricultura. Se creó una estructura de pérgola para soportar los paneles fotovoltaicos, utilizando materiales agrícolas y vitivinícolas y adoptando técnicas utilizadas en la construcción de pérgolas del Trentino y Verona, evitando el uso de cimientos agrícolas. El objetivo es comprender qué ventajas se pueden obtener cultivando hortalizas y vides a la sombra de paneles fotovoltaicos.

Ese mismo año, gracias a la colaboración entre el equipo de investigadores de Arboricultura de la Universidad de Bari, coordinado por el profesor Giuseppe Ferrara, y Maurizio Boselli, antiguo profesor de Viticultura de la Universidad de Verona, se inició una investigación sobre la viabilidad de un sistema agrovoltaico en Apulia, utilizando viñedos vitícolas y aprovechando las peculiares características climáticas de la región.

El objetivo de esta investigación era estudiar y poner de relieve las oportunidades de introducir un sistema fotovoltaico para mejorar las condiciones de la uva. Debido al cambio climático y al aumento de las temperaturas, las uvas de vino maduran antes de tiempo sin tener tiempo de desarrollar los aromas.

Aquí es donde entra en juego Nicola Mele, empresario informático con experiencia en el centro de investigación Olivetti y una exitosa trayectoria en tecnologías de la información. La familia Roggero, que participa en la explotación agrícola Svolta, le llama para poner en marcha una empresa agrícola y energética de vanguardia en Apulia. Se crea la empresa "Svolta" (acrónimo de

Solare VOLTaico Ambiente-Agricoltura - Entorno Solar Voltaico-Agricultura), donde se realizan las primeras instalaciones agrovoltaicas y se inicia en 2009 la investigación sobre viñedos sombreados por paneles fotovoltaicos, en colaboración con el profesor Boselli de la Universidad de Verona.

En la empresa situada en Laterza, en una zona cercana a Gioia del Colle, Santeramo y Matera, se llevan a cabo diversas investigaciones experimentales sobre viticultura. En una superficie total de 7 hectáreas, se instala un sistema agrovoltaico de 972 kW en 4 hectáreas, con los paneles colocados a más de dos metros de altura. Se cultiva dentro y fuera de la zona agrovoltaica y se comparan los resultados. A partir de 2019, en colaboración con el Instituto Basile Caramia de Locorotondo, que realizó análisis y vinificaciones de las uvas agrivoltáicas, se comprobó la eficacia del proyecto: los vinos producidos tienen características aromáticas ricas e intensas.

"Mazara del Vallo" en Sicilia: Engie inauguró el mayor parque agrovoltaico de Italia en Mazara del Vallo, Sicilia. La planta ocupa 115 hectáreas y tiene una capacidad de 66 MW, y forma parte de un modelo contractual PPA (Contrato de Compra de Energía) Corporativo entre Engie y Amazon. Se trata del primer parque agrovoltaico construido en Italia y el primero basado en este tipo de acuerdo entre empresas privadas. La construcción de la planta fue posible gracias a un préstamo verde de 100 millones de euros financiado por Cdp, Société Générale y BNP Paribas. Además de producir energía limpia, el objetivo del parque agrovoltaico es cultivar campos con plantas como vides, olivos, almendros y plantas aromáticas y medicinales.

Además, está previsto un segundo parque agrovoltaico de 38 MW en Paternò, provincia de Catania, como parte del acuerdo entre Engie y Amazon. En total, las dos plantas tendrán una capacidad instalada de 104 MW y la energía producida se utilizará para alimentar las actividades de Amazon en Italia.

El parque agrivoltaico de Mazara del Vallo utiliza tecnología punta, con paneles solares de doble cara montados en seguidores de un eje que captan tanto la luz directa como la reflejada del terreno circundante, optimizando la producción de energía. Esta configuración permite reducir la superficie necesaria para el sistema fotovoltaico y maximizar la eficiencia agrícola.

Durante la construcción de la planta de Mazara del Vallo se empleó a 150 personas.

Impacto positivo de la agrovoltaica en las comunidades agrícolas

Creación de empleo local: El desarrollo y la ejecución de proyectos agrovoltaicos pueden generar nuevos empleos locales. Durante la instalación de paneles solares y la construcción de estructuras de apoyo, se necesitan conocimientos especializados, como instaladores, electricistas y técnicos solares. Estos trabajos pueden ser realizados por miembros de la propia comunidad, proporcionando oportunidades de empleo local y contribuyendo al crecimiento económico de la región.

Además, una vez que el sistema agrovoltaico está operativo, se requieren actividades continuas de mantenimiento y gestión. Esto incluye la limpieza de los paneles solares, el mantenimiento de los sistemas de riego y la supervisión de la eficiencia energética. Estas tareas pueden ser realizadas por trabajadores locales, creando empleo estable a largo plazo en las comunidades agrícolas.

Valorización de la tierra: La ejecución de proyectos agrovoltaicos puede contribuir a la valorización de la tierra agrícola y rural. La integración de las tecnologías solares con las actividades agrícolas tradicionales crea una imagen moderna y sostenible de la agricultura, fomentando el atractivo de la zona para la inversión y el turismo.

El aspecto visual de un sistema agrovoltaico, con paneles solares integrados en los cultivos o sobre los campos, puede dar un carácter distintivo al paisaje agrícola. Esto puede generar el interés de visitantes y turistas que deseen conocer y experimentar modelos agrícolas innovadores y sostenibles.

Más aún, la adopción de la agrovoltaica puede promover una mejor gestión de las tierras agrícolas. El uso eficiente del espacio agrícola, mediante la integración de las actividades agrícolas y la producción de energía solar, puede contribuir a la conservación de los recursos y a la protección del medio ambiente. Este enfoque sostenible de la agricultura puede fomentar la creación de redes de agroturismo, promoviendo la venta directa de productos agrícolas y la valorización de las tradiciones locales.

En conjunto, la creación de empleo local y la valorización de la tierra son dos beneficios significativos de la agroindustria para las comunidades agrícolas. Estos factores no sólo contribuyen a la economía local, sino que también refuerzan la identidad rural, fomentando el desarrollo sostenible y el atractivo de las zonas rurales.

Lecciones aprendidas y mejores prácticas en la implantación de la agrovoltaica

Durante la implantación de la agrovoltaica se aprendieron importantes lecciones que pueden guiar el proceso de forma eficaz y sostenible.

Para resumirlas:

Una de las lecciones más significativas es la **elección de los cultivos adecuados**. Es esencial seleccionar cultivos que puedan prosperar a la sombra de los paneles solares, como plantas de baja altitud o variedades que requieran menos luz solar directa. Un diseño cuidadoso y una ingeniería adecuada también son cruciales para garantizar la fiabilidad y seguridad del sistema agrovoltaico a largo plazo, teniendo en cuenta las condiciones del suelo, la normativa local y los materiales duraderos.

Es importante planificar el **riego** según las necesidades del cultivo y reducir el desperdicio de agua mediante el uso de sistemas de goteo o de bajo consumo. La recogida y utilización del agua de lluvia también puede contribuir a la sostenibilidad hídrica de la agricultura.

La **supervisión y el mantenimiento** regulares del sistema agrovoltaico son esenciales para garantizar el máximo rendimiento energético y agrícola. Esto incluye controlar la eficiencia de los paneles solares, evaluar el riego y comprobar las condiciones de los cultivos. La **limpieza periódica** de los paneles solares es especialmente importante para garantizar que no se produzca una reducción significativa de la eficiencia debido a la acumulación de suciedad o polvo.

Por último, la **participación de las partes interesadas** es crucial para el éxito de la agrovoltaica. Los agricultores, los expertos en energía solar, las autoridades locales y las comunidades circundantes deben participar en una fase temprana del proyecto. La colaboración y el intercambio de conocimientos fomentan una mejor comprensión y adopción de la agrovoltaica. Además, es importante **adaptar las soluciones a las necesidades específicas** de las comunidades agrícolas, fomentando la integración de la agrovoltaica en sus prácticas agrícolas.

Retos y futuro de la agrovoltaica

Retos técnicos y normativos que hay que afrontar

La implantación de la agrovoltaica presenta varios retos técnicos y normativos que hay que abordar para garantizar su éxito.

Integración de infraestructuras: La instalación de sistemas solares en zonas agrícolas requiere una integración adecuada de las infraestructuras. Debe considerarse la interconexión con la red eléctrica existente para garantizar un flujo de energía estable y seguro. Además, el diseño y la instalación de estructuras de soporte para los paneles solares deben estar bien planificados para minimizar el impacto en las actividades agrícolas.

Gestión de los recursos hídricos: El uso eficiente del agua es un reto cada vez más importante en la agrovoltaica y más allá. Es necesario equilibrar las necesidades de riego de los cultivos agrícolas con el consumo de agua que requieren los paneles solares. La gestión del agua debe optimizarse para evitar el despilfarro y garantizar una distribución justa del agua entre los cultivos.

Optimizar la eficiencia energética: La eficiencia energética es un factor clave para el éxito de cualquier proyecto. Es necesario maximizar la producción de energía solar eligiendo tecnologías fotovoltaicas eficientes y optimizando la orientación e inclinación de los paneles solares. Al mismo tiempo, es importante reducir las pérdidas de energía durante la transmisión y la conversión.

Reglamentación y normativas: La implantación de la agrovoltaica exige el cumplimiento de una serie de reglamentos y normas, que a veces no están claros o no existen. Pueden estar relacionadas con la instalación y la conexión a la red, cuestiones de seguridad y normativas medioambientales. Sería importante que los aspectos normativos estuvieran claros y bien definidos para facilitar la adopción de la agrovoltaica y garantizar el cumplimiento de las leyes aplicables. Desgraciadamente, no depende de nosotros...

Concienciación y aceptación: La agrovoltaica es una práctica relativamente nueva que requiere una mayor concienciación y aceptación por parte de los interesados. Es necesario informar a los agricultores, las comunidades locales y las autoridades sobre el potencial y los beneficios de la agrovoltaica. Esto puede implicar esfuerzos de concienciación, formación e implicación activa de las partes interesadas para superar posibles resistencias y fomentar la adopción de esta práctica sostenible.

Abordar estos retos requiere una colaboración eficaz entre los agricultores, los expertos en energía solar, las autoridades y las comunidades locales. Se necesita un enfoque integrado que tenga en cuenta tanto los aspectos técnicos como los normativos para garantizar una transición satisfactoria a la agrovoltaica como práctica sostenible en la agricultura del futuro próximo.

Innovaciones y desarrollos futuros en agrovoltaica

La agrovoltaica es, como ya se ha dicho, un campo en constante evolución que ofrece muchas oportunidades para la innovación y el desarrollo futuros. Hay varias áreas en las que se esperan avances significativos:

Una de las principales áreas de innovación se refiere a las tecnologías fotovoltaicas. Los desarrolladores están trabajando para mejorar la eficiencia y durabilidad de los paneles solares, intentando que la energía solar sea aún más asequible y eficiente. La introducción de nuevos materiales y diseños podría aumentar la producción de energía solar y reducir los costes de instalación.

Además, se están desarrollando sistemas inteligentes de gestión de la energía para optimizar el uso de la energía producida por los paneles solares. Estos sistemas permiten controlar y regular la producción y el consumo de energía en tiempo real, permitiendo una gestión más eficaz de la red eléctrica.

Al mismo tiempo, se están explorando nuevas tecnologías agrícolas que puedan integrarse en el entorno agrovoltaico. El uso de sensores y sistemas de monitorización de cultivos puede proporcionar información detallada sobre las necesidades de las plantas, permitiendo una gestión más precisa del riego y los nutrientes.

El uso de técnicas de agricultura de precisión, como el uso de **drones para cartografiar los cultivos**, también puede ayudar a los agricultores a optimizar la producción y reducir el impacto medioambiental.

Los modelos empresariales relacionados con la agrovoltaica también están evolucionando, con nuevas oportunidades de ingresos adicionales para los agricultores mediante la venta de energía y la colaboración entre las explotaciones y los proveedores de energía solar.

Por último, la investigación y el desarrollo siguen siendo cruciales para la agrovoltaica. Los estudios sobre el rendimiento energético y agrícola a largo plazo, el efecto del sombreado en los cultivos y el análisis del flujo de energía están contribuyendo a impulsar la innovación y a mejorar la comprensión de los impactos y beneficios de la agrovoltaica.

Impacto global potencial de la agrovoltaica en la sostenibilidad

La agrovoltaica tiene potencial para tener un impacto significativo en la sostenibilidad a nivel mundial. Este enfoque integrado, que combina la producción de energía solar con la actividad agrícola, ofrece varias ventajas en términos de producción de energía limpia, reducción de las emisiones de carbono, aumento de la resiliencia de las comunidades agrícolas, conservación de los recursos naturales y fomento de la seguridad alimentaria.

El uso compartido de la tierra para cultivar alimentos y generar energía renovable reduce la presión sobre la tierra y preserva los recursos naturales, contribuyendo a la conservación de los ecosistemas locales. Además, el agri-voltaje proporciona oportunidades de ingresos adicionales a los agricultores y fomenta la producción local de alimentos, reduciendo la dependencia de las importaciones y promoviendo la sostenibilidad a largo plazo. Así pues, la implantación generalizada de la agrovoltaica puede contribuir significativamente a la sostenibilidad medioambiental, energética y alimentaria en todo el mundo.

Conclusiones

Llamamiento a la acción para la adopción de la agrovoltaica

La agrovoltaica representa una solución muy prometedora para abordar los retos mundiales de la energía y la agricultura. Para maximizar los beneficios de esta práctica, es crucial promover y fomentar la adopción generalizada de la agrovoltaica. He aquí algunas acciones que pueden emprenderse:

Sensibilización e información: Educar al público, a los agricultores, a las agencias gubernamentales y a las organizaciones sobre la naturaleza y los beneficios de la agrovoltaica.

Comunicar los beneficios medioambientales, energéticos y económicos puede fomentar una mayor comprensión e interés por esta práctica.

Apoyo financiero e incentivos: Se puede animar a los agricultores y a los inversores a adoptar la agrovoltaica mediante programas de financiación subvencionados, subvenciones o incentivos fiscales.

Estos instrumentos pueden reducir los costes iniciales y hacer que la agrovoltaica sea más accesible y rentable.

Colaboración entre sectores: Es importante fomentar la colaboración entre los sectores agrícola y energético.

Los agricultores, los productores de energía solar, los proveedores de servicios energéticos y las agencias gubernamentales pueden trabajar juntos para identificar oportunidades de implantación de la agrovoltaica, compartir conocimientos y recursos y desarrollar modelos empresariales sostenibles.

Desarrollar políticas y normativas adecuadas Los gobiernos deben desempeñar un papel clave en la adopción de la energía agrovoltaica mediante el desarrollo de políticas y normativas que faciliten la integración de las actividades agrícolas y de energía solar. Esto puede incluir la simplificación de los procedimientos de autorización, el ajuste de las tarifas energéticas para incentivar la producción de energía renovable y la promoción de normas de sostenibilidad.

Investigación y desarrollo: Invertir en investigación y desarrollo es clave para mejorar las tecnologías y prácticas agrovoltaicas. La investigación puede ayudar a optimizar la producción de energía solar, identificar los cultivos más adecuados y desarrollar modelos de gestión eficientes. Además, compartir las mejores prácticas y los resultados de la investigación puede fomentar el aprendizaje colectivo y acelerar la adopción de la agrovoltaica.

La adopción de la agrovoltaica requiere un compromiso colectivo de agricultores, empresas, gobiernos y sociedad civil. Es necesario actuar ahora para aprovechar todo el potencial de la agrovoltaica y promover un futuro sostenible en el que la energía limpia y la producción de alimentos puedan coexistir armoniosamente, contribuyendo a la conservación de los recursos naturales y a la mitigación del cambio climático.

Suscríbete al boletín para estar al día de las novedades

gs-publisher.eu

Medio ambiente, sátira y educación.

www.ingramcontent.com/pod-product-compliance
Lightning Source LLC
Chambersburg PA
CBHW070812290526
45795CB00002B/700